Denny Ohnesorge

Forstliche Standortaufnahme zum Exkursionsziel Hochspessart

GRIN Verlag

Bibliografische Information der Deutschen Nationalbibliothek:

Die Deutsche Bibliothek verzeichnet diese Publikation in der Deutschen Nationalbibliografie; detaillierte bibliografische Daten sind im Internet über http://dnb.d-nb.de/ abrufbar.

Impressum:

Druck und Bindung: Books on Demand GmbH, Norderstedt Germany
ISBN: 978-3-638-78853-3

Dieses Buch bei GRIN:

http://www.grin.com/de/e-book/19832/forstliche-standortaufnahme-zum-exkursionsziel-hochspessart

Inhaltsverzeichnis

1 Einleitung

Im Rahmen der Lehrveranstaltung Waldbau-Praktikum in Unterfranken fanden Exkursionen in verschiedene Forstämter Nordbayerns statt. Eines der Schwerpunktthemen war die Eichenwirtschaft, wie sie in Bayern praktiziert wird, vorzustellen. Neben waldbaulichen und ökologischen Fragen wurde auch das Zusammenspiel von Standort und Waldwachstum thematisiert. Grundlage dafür war die Interpretation von Bodeneinschlägen nach der Zusammenstellung des ARBEITSKREISES STANDORTSKARTIERUNG (1996).

Ein spezielles Exkursionsziel zur Eichenwirtschaft war das Bayerische Forstamt Rothenbuch im Spessart. Die dort vorgenommene Standortsansprache an einem Exkursionspunkt ist das Thema dieser Arbeit. Ziel ist es, die Modalitäten der forstlichen Standortsaufnahme an diesem Beispiel zu erläutern und die daraus ziehbaren Rückschlüsse für die waldbauliche Behandlung der Bestände zu diskutieren.

2 Vorstellung des Exkursionsgebietes

Das Forstamt Rothenbuch liegt im bayerischen Teil des Spessarts. Dieser wird im Osten, Süden und Westen vom Main, im Norden von Hessen, Nordosten von Jossa und Sinn begrenzt. Das gesamte Gebiet umfasst eine Fläche von 155.000 ha – 2/3 davon sind mit Wald bedeckt. Das Forstamt liegt zum überwiegenden Teil im Teilwuchsbezirk des Hochspessart, welcher ein Teil des Wuchsbezirkes Buntsandsteinspessart und dieser wiederum zum Wuchsgebiet Spessart-Odenwald gehört. Im Gegensatz zu den übrigen Teilen des Wuchsgebietes konnte der Hochspessart seinen reinen Laubwaldcharakter weitgehend bewahren (INSTITUT F. WALDBAU, 2003). Ein Umstand, den er kurfürstlichen und erzbischöflichen Jagdgelüsten vor mehreren hundert Jahren verdankt. Diese förderten vor allem die masttragenden Eichenwälder. (INSTITUT F. WALDBAU, 2003)

2.1. Höhenlage und Klima

Der größte Teil des Forstamtes liegt in einem Höhenbereich zwischen 300 und 450 m über NN. Die Amplitude reicht allerdings von 250 bis 580 m über NN. Dies bedeutet natürlich je Höhenlage und Hangexposition eine unterschiedliche Gefährdungssituation für das Pflanzenwachstum. Zu nennen sind hier vor allem die Spätfrostgefahr (bis Mai/Juni), die Frostzone in den Tallagen, Schneebruchgefahr durch Nassschnee und Trockenperioden im Frühjahr.

Die Trockenheit ist bedingt durch das Niederschlagminimum im Frühjahr, während im Sommer sowie im Winter Maxima zu verzeichnen sind. Bei Niederschlagsummen, von bis zu 1000 mm/a (je nach Höhenlage) und bei einer mittleren Jahrestemperatur von ca. 7°C befindet sich das Forstamt im atlantisch getöntem Mittelgebirgsklima. Das bedeutet relativ kühl sowie niederschlags- und nebelreich – also ein Buchenoptimum.

2.2. Geologie und Böden des Exkursionsgebietes

Das Mittelgebirge des Hochspessarts wird aus verschiedenen Schichten des Buntsandstein gebildet – rötlich gefärbte, silikatreiche Gesteinsbänke mit wenigen tonigen Zwischenlagen. Das Forstamt liegt überwiegend im Bereich des Unteren Buntsandsteines (BUNDESANSTALT FÜR GEOWISSENSCHAFTEN UND ROHSTOFFE, 1985). Der hangende Teil des Unteren Buntsandsteins ist überwiegend feinkörnig und weich. Er bildet den Untergrund von Hochflächenresten, die ein – im Vergleich zum kristallinen Vorspessart – wesentlich schwächer differenziertes Relief aufweisen (LIEDTKE und MARCINEK, 1994). Im südöstlichen Bereich des Forstamtes kommt der Mittlere

Buntsandstein aus mittel- bis grobkörnigen sehr armen Sandsteinen vor, während der Obere Buntsandstein nur in geringem Umfang auf dem Geiersberg vertreten ist.

Die Hangneigung offenbart die unterschiedliche Härte der anstehenden Sandsteinschichten. Das anstehende Gestein ist fast immer von eiszeitlichen Schuttdecken mit Mächtigkeiten um 10 – 15 dm überlagert. In exponierteren Lagen werden diese dünner oder fehlen ganz. Die Schuttdecken tragen, durch etwas höhere Ton- und Schluffgehalte als der Untergrund, zu einem verbesserten Nährstoffhaushalt bei. Sie sind in der Hauptsache aus Buntsandsteinverwitterungen entstanden und äolischen Ursprungs (INSTITUT F. WALDBAU, 2003).

Die daraus entstandenen sauren und nährstoffarmen, jedoch gut wasserversorgten Böden bilden günstige Wachstumsbedingungen vor allem für die Buche und die Eiche. Die dabei vorherrschende Bodenbildung ist eine schwach bis mittel steinige, schwach lehmig-sandige bis sandig-lehmige Braunerde mittlerer bis großer Entwicklungstiefe.

Die typischen Bodenbildungsprozesse sollen aber im folgendem, am Beispielprofil, genauer betrachtet werden.

2.3. *Kurze Bestandesbeschreibung und natürliche Waldgesellschaft*

Die Bestandesdaten, für den im Protokoll aufgeführten Bestand, sind aus dem Exkursionsführer des Forstamtes entnommen. Der Bestand ist aus einer Eichensaat entstanden, 85 bis 93 Jahre alt und I. Bonität. Die beigemischte Buche stammt aus Naturverjüngung und ist zwischen 40 und 60 Jahren alt. Der Bestockungsgrad ist mit angegebenen 1,1 recht hoch. Es soll aber zur Erzielung einer astfreien Schaftlänge von 15 m in den nächsten Jahren eine lockere Kronenspannung erhalten bleiben, weshalb eine weitere negative Auslese und vorsichtige Förderung der Eliteanwärter vorgesehen ist.

Die Rotbuche befindet sich wie schon erwähnt unter den gegebenen Standortsverhältnissen in ihrem Optimum, und ist dem zu Folge als die vorherrschende Baumart in der potentiell natürlichen Vegetation – einem Luzelo Fagtum – anzusehen. Sie ist, auch nach den Erfahrungen der örtlichen Bewirtschafter, der Eiche im Wachstum deutlich überlegen und würde diese ohne gezielte Förderung stark zurückdrängen. Entscheidende Vorteile hat die Rotbuche einerseits durch die klimatischen Verhältnisse, andererseits aber auch durch ihre häufigere Fruktifikation und der höheren Schattentoleranz der Jungpflanzen. Somit wäre der natürliche Eichenanteil weitaus geringer als der derzeitige von etwa 24%. Das Ziel des Forstamtes ist aber die Erhaltung des derzeitigen Eichenanteils.

3 Auswertung der Standortaufnahme

Der überwiegende Teil der Auswertung bezieht sich auf die Daten der Standortaufnahme in der Abteilung XVIII/1[3], welche im Anhang im Standortaufnahmeblatt 2 aufgeführt sind. Da sich diese Aufnahme allerdings sehr mit einer vorhergehenden Aufnahme (Standortaufnahmeblatt 1) ähnelt, wurden an dieser Stelle nur Besonderheiten und Unterschiede angesprochen. Deshalb wird die Beschreibung der Standortverhältnisse teilweise auch vergleichend mit der 1. Aufnahme, von dem auch eine bildliche Profildarstellung existiert, durchgeführt.

3.1. Örtliche Lage und Klima

Auf die Besonderheiten der Lage und des Klimas des Exkursionszieles ist schon in der Vorstellung des Forstamtes eingegangen worden. Es sollen deshalb an dieser Stelle nur kurze Ergänzungen gemacht werden, die speziell auf das aufgenommene Profil zutreffen oder allgemein von Bedeutung sind.

Die Höhe über NN ist für diesen Standort mit 430 m angegeben. Dies ist im Verhältnis zur höchsten Erhebung im Forstamt von 580 m schon relativ hoch. Im Zusammenhang mit den anderen Klimafaktoren ist dieser Standort der submontanen Buchenwaldstufe zuzuordnen. Wichtig für die Beurteilung des Standortes und seinen Wachstumsbedingungen ist die Höhenlage deshalb, weil sie für mehrere Faktoren bestimmend ist: So steigt in der Regel mit zunehmender Höhe der Niederschlag sowie der Nebelniederschlag. Weiterhin nehmen die Tage der Vegetationszeit und Jahresmitteltemperatur ab, die Frost- und Schneetage zu. Abhängig sind diese Faktoren allerdings auch von der Inklination und vor allem der Exposition des Hanges und damit von der Sonneneinstrahlung. In unserem Beispiel ist die Inklination mit weniger als 10° angegeben, wobei die Neigung im II. Profil (Standortaufnahmeblatt 2) etwas stärker war als im I. Profil. Bei beiden ist sie aber so gering, dass sie nur einen untergeordneten Einfluss auf die Bodenbildung hat. Als erheblicher Einfluss ist in diesem Zusammenhang die Massenverlagerung zu nennen. Je stärker die Neigung eines Standortes, umso mehr kann vor allem Massenabtrag die Produktionskraft eines Standortes verändern – meistens verschlechtern. Verschlechterung tritt dann ein, wenn der Massenabtrag schneller als die Bodenbildung in die Tiefe abläuft (AK STANDORTSERKUNDUNG, 1996). Bei einer so schwachen Geländeneigung, wie in den Aufnahmeprofilen findet Massenverlust in der Regel nur in Form von Bodenfließen – der Massenverlagerung durch Wasser – statt.

Der mittlere Jahresniederschlag von etwa 1000 mm lässt optimale Wachstumsbedingen vermuten und wird im Folgendem noch bei der Betrachtung des Gesamtwasserhausha l-tes eine Rolle spielen.

3.2. Ergebnisse der Mineralbodenuntersuchung

Im Standortaufnahmeblatt käme in der Hierarchiefolge zunächst die Humusform. Da diese aber unmittelbar von dem Ausgangsubstrat und dem aufstockenden Bestand abhängig ist, erfolgt an dieser Stelle zuerst die Profil- und Mineralbodenbetrachtung.

3.2.1 Ausgangssubstrat

Wie Eingangs schon erwähnt, liegt das Forstamt Rothenbuch im Wuchsgebiet des Buntsandsteinspessart, welches schon durch seine Namensgebung auf das geologische Ausgangsmaterial hinweist. Fluviatil und/oder äolisch entstanden, ist er ein klassisches Sedimentgestein mit einer Korngrößenzusammensetzung zwischen 0,02 mm und 2 mm. Der Anteil an Ton und Schluff am jeweiligen Standort beeinflusst stark die Nährkrafteigenscha ften des sonst eher armen Ausgangssubstrates. Der Name Buntsandstein entstand durch rotbraun, gelblich oder grünlichgrau wechselnde Sandsteinschichten in bunter Folge mit Tonsteinen.

3.2.2 Mineralboden

Im Folgenden sollen die in der Tabelle 1 aufgeführten, Horizontdaten aus dem Standortaufnahmeblatt 2 erläutert werden.

Bodenart:

Die mit der Fingerprobe bestimmte Bodenart ist über alle Horizonte Sand – schwach lehmiger Sand (Sl2). Der Unterschied zum I. Profil zeigt sich hier durch einen etwas höheren Tonanteil, der den Standort zwar im Vergleich aufwertet, jedoch nicht dafür ausreicht, ihn in eine höhere Tonanteilsstufe einzuordnen.

Lagerungsdichte:

Die Lagerungsdichte ist mittel und spielt, ebenso wie der Humusanteil und Skelettanteil vor allem bei der Bestimmung der nutzbaren Wasserspeicherkapazität eine Ro lle.

Horizont-Tiefe [cm]		Horizont-Symbol	Bodenart	Tonanteil [%]	Lagerungs-dichte	Humusan-teil [%]	Skelettan-teil [%]
0 bis	6	Aeh	S12	5-8	Ld3	12	0
6 bis	28	Bhv	S12	5-8	Ld3	3	3
28 bis	68	Bv	S12	5-8	Ld3	-	10
68 +		Cv	S12	5-8	Ld3	-	

Tab. 1: Profilbeschreibung des II. Profils (Standortaufnahmeblatt 2)

Humusgehalt:

Der Humusgehalt kennzeichnet die Menge an organischer Substanz im Mineralboden. Die Bestimmung des Humusanteils in verschiedenen Bodenhorizonten ist sehr einfach und wird durch einen geübten Kartierer durch Schätzung des Farbwertes einer angefeuchteten Probe ermittelt. Die Angabe erfolgt in Humusklassen.

Im Allgemeinen kann gesagt werden, dass der Humusanteil um so höher ist, je dunkler der Boden ist. Die Farbe des Bodens ist jedoch substratabhängig und kann auch durch lithogene oder anthropogene Einflüsse verändert sein.

Horizontfolge:

Die Bodenhorizonte sind das Ergebnis bodenbildender Prozesse, die das Ausgangssubstrat verändern. Sie werden durch bestimmte Merkmale (Gefüge, Bodenart, Farbe, Fleckung u.a.) gekennzeichnet. Ihre Abfolge und die Kombination verschiedener Horizonttypen bestimmen die bodensystematische Zuordnung (AK Standortskartierung, 1996).

Der A-Horizont ist der mineralische Oberbodenhorizont, der durch die Akkumulation von organischer Substanz und/oder Verarmung an mineralischer Substanz und/oder an Humus geprägt ist. Im vorliegenden Fall (Abb. 1: Profilbeispiel der I. Aufnahme) sind zwei Prozesse hauptsächlich an der Bildung dieses Horizontes beteiligt: 1. Die Podsolierung und 2. die Huminstoffeinwaschung. Die Huminstoffeinwaschung ist hier bedeutender als die Podsolierungserscheinung – gekennzeichnet durch die Reihenfolge eh (und nicht he) hinter dem Symbol A.

Abb. 1: Profil der Standortsaufnahme 1

Der B-Horizont ist der mineralische Bodenhorizont, der sich vom Ausgangsgestein durch Verwitterung, Verlehmung und/oder Stoffanreicherung abhebt. Im Profil II. wurden auf Grund erkennbarer Farbunterschiede zwei B-Horizonte ausgeschieden. Ein Bhv- und ein anschließender Bv-Horizont. Im ersteren konnte noch eine bedeutende Humuseinwaschung neben den verwitterungsbedingten Prozessen festgestellt werden.

Der C-Horizont stellt in der Systematik den mineralische Untergrundhorizont dar, der durch das Ausganggestein gekennzeichnet ist und unter dem Solum liegt. Während im I. Profil zwei Cv-Horizonte auf Grund einer Schichtung/Überlagerung ausgeschieden wurden, ist es hier ein durchgängiger Cv-Horizont. Dieser stellt den Übergang zum frischen Gestein dar und ist angewittert bis verwittert und zeigt häufig nur eine schwache Durchwurzelung.

Sonstiges:

Zur Standortsbeschreibung gehört auch die Betrachtung der Gründigkeit und Durchwurzelbarkeit des Bodens. Einerseits spielt sie bei der Baumartenwahl eine Rolle, andererseits kann sie bei der Beurteilung des Wasserhaushaltes im Rahmen der Bestimmung der Nutzbaren Feldkapazität des effektiven Wurzelraumes von Bedeutung sein. Unter Gründigkeit wird die Mächtigkeit des Lockermaterials über festem Gestein verstanden. Sie wird als physiologische Gründigkeit oder auch Durchwurzelbarkeit in verschiedenen Intensitätsstufen angegeben. Für den betrachteten Standort wurde sie nicht direkt angesprochen. Es ist aber von einem tiefgründigem und gut durchwurzelbarem Standort auszugehen, auch wenn Buntsandstein im allgemeinen als relativ flachgründig gilt. Hinweise darauf gibt schon die in allen Horizonten mittlere Lagerungsdichte. Außerdem wird der Bestand vorwiegend aus der durchwurzelungsstarken Eiche gebildet.

Bodentyp:

Aus der Deutung der Bodenbildungsprozesse und der Bestimmung der Horizontfolge kann dann der Bodentyp bestimmt werden. In diesem Fall liegt eine schwach podsolige Braunerde vor. Im I. Profil wurde auf Grund des niedrigeren pH-Wertes im Oberboden der Podsolierungsprozess noch etwas höher bewertet, weshalb dort eine podsolige Braunerde ausgeschieden wurde.

3.3. Beschreibung der Humusform

Die Humusform entsteht, wie oben schon erwähnt, in Wechselwirkung mit Boden und aufstockenden Bestand. Er wird bestimmt durch Streuqualität, Zusammensetzung und Aktivität der streuzersetzenden Bodenfauna und der Pilze, bodenchemische Verhältnisse (wie Basensättigung, C/N-Verhältnis) und den bodenphysikalischen Eigenschaften des Standortes. Andererseits greift der Humus auslösend und steuernd in bodendynamische Prozesse ein, so beispielsweise bei der Versauerung des Oberbodens durch schwer zersetzbare Nadelstreu.

Im Allgemeinen stellt der Humus die Gesamtheit der von abgestorbenen Pflanzen- und Tiersubstanzen abstammenden organischen Stoffe auf und im Boden dar. Man unterscheidet neben einigen Sonderhumusformen bei den aeromorphen Humusformen – also unter Einfluss von Luftsauerstoff entstandenem Humus – die Mineralbodenhumusformen und die Auflagehumusformen. Kennzeichnend für Auflagehumusformen ist, wie in dieser Aufnahme, das Vorhandensein einer deutlichen Oh-Schicht.

Zur Charakterisierung der Humusform wird der Humus bis zum Mineralboden morphologisch analysiert und die entsprechende Humusform angesprochen. In der Tabelle 2 sind die dafür notwendigen Angaben aus dem Standortaufnahmeblatt 2 aufgeführt.

Horizontbezeichnung	Horizontmächtigkeit
L [cm]:	1-2
O_f [cm]:	1-2
O_h [cm]:	1

Tab. 2: Daten der Morphologischen Humusansprache des II. Profils

Das Ergebnis war hier ein typischer Moder mit einer Humus-Horizontfolge von L, Of, Oh und anschließendem schon besprochenem Aeh-Horizont. Ein unscharfer Übergang vom Oh zum Aeh-Horizont und die bröckelige Struktur des Oh kennzeichneten den typischen Moder. Nach dem AK STANDORTSKARTIERUNG (1996) lässt sich dieser noch weiter unterscheiden in einen feinhumusreichen bzw. einen feinhumusarmen Moder. Als Kriterium gilt hier die Stärke der Oh-Schicht. Liegt sie über 2 cm spricht man von einem feinhumusreichen Moder, ist sie kleiner als 2 cm entsprechend von einem feinhumusarmen Moder. In diesem Fall liegt also ein feinhumusarmer Moder vor. Die feinhumusreicheren weisen meistens weitere C/N-Verhältnisse auf.

3.4. *Beurteilung des Wasserhaushaltes*

Das Wasserangebot spielt für das Pflanzenwachstum eine entscheidende Rolle. Es beeinflusst die Zusammensetzung der Vegetation, bestimmt die Grenzen pflanzlichen Lebens. Für die forstliche Nutzung ist die Beurteilung des örtlichen Wasserhaushaltes elementar für Baumartenwahl und Bewirtschaftung der Wälder.

Der Wasserhaushalt wird von einer Vielzahl von Faktoren beeinflusst von denen einige für den untersuchten Standort schon beschrieben wurden:

- Relief (Hangexposition, Hanginklination)
- Klima und Witterung (Niederschlag, Verdunstung, Temperatur, rel. Luftfeuchte u.a.)
- Boden (Humusgehalt, Krongrößenverteilung, Wasserspeicherkapazität, Gesamtporenvolumen u.a.)

- Vegetation (insbesondere Interzeption, Transpiration)

Das Zusammenwirken dieser Faktoren auf den Wasserhaushalt ist sehr komplex, so dass die Beurteilung meist auf indirektem Wege über Indizes erfolgt. Im Folgendem soll auf den Wasserhaushaltsparameter nutzbare Wasserspeicherkapazität sowie auf das Transpirationswasserangebot als Indiz für den Gesamtwasserhaushalt näher eingegangen werden.

3.4.1 Bodenwasserhaushalt als Nutzbare Wasserspeicherkapazität (nWSK)

Die Wasserspeicherkapazität bestimmt sich aus dem Gesamtporenvolumen (GPV) minus der Luftkapazität (LK) eines Bodens. Unter dem Gesamtporenvolumen wird die Gesamtheit aller Hohlräume im Boden verstanden. Die maximale Wasserkapazität ist erreicht, wenn der Boden voll wassergesättigt ist – also alle Poren mit Wasser gefüllt sind. Die Grobporen eines Bodens (> 50 µm) vermögen aber nicht das Wasser über längere Zeit zu halten. Das Wasser in den Grobporen wird deshalb auch leicht bewegliches Sickerwasser genannt. Nach einem starken Regenguss, der den Boden bis auf Wassersättigung füllte, beginnt sofort wieder der Abfluss aus den Grobporen. Das Porenvolumen, dass sich 2 – 3 Tage nach einem solchen Zustand mit Luft gefüllt hat, wird als Luftkapazität des Bodens bezeichnet. Die Baumarten haben unterschiedliche Ansprüche an die Sauerstoffversorgung des Bodens. Die Buche ist z.B. für dauernasse Standorte nicht geeignet, da ihre Wurzeln nur über eine Zeit von etwa 14 Tagen Sauerstoffgehalte von weniger als 12% im Oberboden dulden. Diese Gefahr ist auf diesem Standort nicht gegeben.

Das Volumen, welches nach 2 bis 3 Tagen nach Vollauffüllung noch im Porenraum vorhanden ist, entspricht der Wasserspeicherkapazität des Bodens. Die nutzbare WSK (nWSK), ist diejenige, die von den Pflanzen aufgenommen werden kann, denn das Wasser, welches im Boden gespeichert ist, steht nicht in vollem Umfang den Pflanzen zur Verfügung. Dies ist das sogenannte Totwasser, welches in den Feinporen (<0,2 µm) mit einer für die Pflanzen zu hohen Saugspannung gehalten wird. Die Saugspannung (dargestellt durch pF- = Wasserspannungskurven) nimmt mit abnehmendem Bodenwassergehalt – also abnehmender Verfügbarkeit in Grob- und Mittelporen – zu.

Die Schätzung der nWSK erfolgt im Gelände aus Tabellen bzw. Diagrammen. Dafür sind zunächst die horizontweisen Angaben zur Bodenart und Lagerungsdichte wichtig, mit denen ein Wert ermittelt wird, von dem gegebenenfalls noch Abzüge für den Skelettanteil bzw. zu dem Zuschläge für den Humus- und Tonanteil gegeben werden (siehe AK STANDORTSKARTIERUNG, 1996 S. 135). Die notwendigen Daten und das Ergebnis für den untersuchten Standort sind in der Tabelle 3 aufgeführt.

Horizont-Tiefe [cm]	Boden-art	Tonan-teil [%]	Kurven-Nr.	Lage-rungs-dichte	Humus-anteil [%]	Skelettan-teil [%]	nWSK [mm/m]	nWSK [mm/Horizont]	Horizont-Symbol	Bemerkungen
0 bis 6	Sl2	5-8	4	Ld3	12	0	310	18,60	Aeh	nWSK=**181,4 mm/m**
6 bis 28	Sl2	5-8	4	Ld3	3	0	210	46,20	Bhv	
28 bis 68	Sl2	5-8	4	Ld3	-	10	180	64,80	Bv	
68 bis 100	Sl2	5-8	4	Ld3	-	10	180	51,84	Cv	

Tab. 3: Berechnungsgrundlagen zur nWSK des II. Profils

Die nWSK des Profil wurde vereinfacht für eine Profiltiefe von 100 cm berechnet. Dabei wird davon ausgegangen, dass dies auch dem effektiven Wurzelraum (WR_{eff}) entspricht. Soll die nWSK eines Profils möglichst genau berechnet werden, muss dieser WR_{eff} über die Bestimmung der Intensität der Zwischenflächendurchwurzelung erfolgen. Die Hintergrund ist hierbei, dass die nWSK sinnvoll nur für den Bereich berechnet wird, in dem auch der Feinwurzeleinfluss der Bäume eine Rolle spielt. Die nWSK wird dann nicht vereinfacht auf 100 cm Profiltiefe bezogen, sondern auf den WR_{eff}.

Die nWSK des untersuchten Bodens ergab nach den nWSK-Klassen die Kategorie sehr hoch. Rein vom Speichervermögen bietet der Boden also gute Wachstumsbedingungen.

3.4.2 Gesamtwasserhaushalt als Transpirationswasserangebot

Zur Beurteilung des Wasserhaushaltes reicht die alleinige Betrachtung der Wasserspeicherfähigkeit des Bodens nicht aus. Es spielt natürlich auch eine Rolle, wie viel Wasser verbraucht wird und wie viel regelmäßig in Form von Niederschlag nachgeliefert wird. Diese Faktoren können natürlich nur stark vereinfacht angewandt werden. Der Verbrauch an Bodenwasser – wenn man von Abfluss und Versickerung absieht – wird durch die Evapotranspiration beschrieben. Sie setzt sich zusammen aus der Evaporation (der „unproduktiven" Bodenverdunstung), der Transpiration (Verdunstung bei der Nettoprimärproduktion) und der schwer erfassbaren Interzeption (der Verdunstung von der Blattoberfläche). Transpiriert werden kann nur das Wasser, was zur Verfügung steht. Deshalb wird das Transpirationswasserangebot vereinfacht aus der nWSK des Profils und dem halben Jahresniederschlag berechnet, unter der Annahme, dass die Hälfte der Niederschläge in der Vegetationszeit fallen.

Für unseren Bestand ergibt die simple Rechnung aus 181 mm/m + 50% von 1000 mm/a ein Transpirationswasserangebot von 681 mm. Von Interesse ist nun, für wie viel Tage dieses Wasserangebot reicht. Hierfür geht man von einer Transpirationsrate von 4 mm pro Tag für Waldbestände aus. Somit steht also für diesen speziellen Standort für etwa

170 Tage genügend Wasser zur Verfügung. Der Bestand ist dem zu Folge ausreichend mit Wasser versorgt und wird in die ökologische Feuchtestufe äußerst frisch eingeteilt.

3.5. Nährstoffhaushalt

Bei der Beurteilung des Nährstoffhaushaltes für das untersuchte Profil soll nur auf die in der Feldansprache möglichen Untersuchungen eingegangen werden.

Es gibt zur ersten Grobeinschätzung des bodenchemischen Zustandes einige Anhaltspunkte, die Rückschlüsse auf den Nährstoffhaushalt zulassen:

- Ausgangsgestein: erlaubt Rückschlüsse auf den Mineralbestand, den Tonanteil, die Verwitterungsrate usw.
- Humusform: Streuzersetzung und –abbau, C/N-Verhältnis
- pH-Wert: steuert Verwitterungsintensität und Lösung (Verfügbarkeit) von Nährstoffen
- Bodendynamik: hier Podsolierung, => Versauerung, Basenverlust, Tonzerstörung, Humus-, Aluminium-, Eisenverlagerung
- Niederschlag: Auswaschung/Anreicherung von Nährstoffen
- Handzugwasser: Humus-, Nährstofftransport
- Vegetation: Nährstoffumsatz und -niveau

3.5.1 Messung der Azidität/ des pH-Wertes

Durch Messung des pH-Wertes kann man Rückschlüsse auf die im Boden verfügbaren Nährstoffe ziehen, da die Löslichkeit der Bindungsformen der Elemente vom pH-Wert abhängt. Er lässt aber genauso Aussagen über die Freisetzung von schädigenden Elementen wie Aluminium zu.

Im Folgenden soll zwischen zwei pH-Wertmessungen unterschieden werden: Der in Salzlösung und der in wässriger Lösung gemessene. Der pH-Wert aus der wässrigen Lösung gibt die aktuelle Protonenkonzentration in der Bodenlösung an. Das Ergebnis aus der Messung in Salzlösung ergibt in der Regel niedrigere Werte. Dies liegt daran, dass ein Teil der in den Austauschern festgelegten Acidität (H, Al) durch Austausch freigesetzt wird und dadurch der pH-Wert sinkt. Somit werden auch Teile der deaktivierten Säuren erfasst und die Säureakkumulation im Boden mit aufgezeigt.

3.5.2 Ermittlung der Pufferbereiche und Beurteilung der Basenversorgung

Unter mitteleuropäischen Klimaverhältnissen neigen alle Böden zur Versauerung. Dafür sind als natürliche Prozesse (Streuabbau durch Mikroorganismen, Wurzelatmung) die Bildung von Kohlensäure und organischer Säuren verantwortlich (SCHEFFER/SCHACHTSCHABEL, 1998). Dazu kommen aber noch die anthropogen bedingten Säureeinträge, die die natürliche Versauerung deutlich übersteigt. Die Böden sind in der Lage, durch Pufferreaktionen den pH-Wert über längere Zeit in einem bestimmten Schwankungsbereich zu halten. Je nach pH-Wert sind für diese Pufferung unterschiedliche Puffersubstanzen verantwortlich. Mit abnehmendem pH-Wert sinkt allerdings der Anteil der Nährelemente an den Kationenaustauschplätzen zu Gunsten von Al- und Fe-Ionen und dissozierbarem Wasserstoff immer mehr. Die Folge ist der Verlust austauschbarer Kationen also eine Auswaschung der Nährelemente aus dem Boden und ein zunehmender Anteil von pflanzentoxischem löslichem Aluminium in der Bodenlösung. Die Auswaschung von Nährstoffen spielt gerade bei solch hohen Niederschlägen, wie im Untersuchungsgebiet vorherrschen, eine Rolle.

Die Untersuchung der pH-Werte (Salz) ergab einen Wert von 3,8 im Oberboden und einen Wert von 4,5 im Unterboden. Damit befindet sich der Oberboden im Al-Pufferbereich und der Unterboden im Kationen-Austauscherbereich. Im Unterboden findet dementsprechend ein fortwährender Verlust an austauschbaren Kationen und somit ein Nährstoffentzug statt. Im Oberboden befindet sich der Standort also in einem Bereich, wo sich vermehrt lösliches Aluminium in der Bodenlösung findet, welches pflanzenschädigend wirkt und zusätzlich die Aufnahme von Nährstoffen unterbinden kann (z.B. bei einem ungünstigem Mg/Al-Verhältnis die Mg-Aufnahme).

Im Profil I. befand der Oberboden sich sogar im Al/Fe-Pufferbreich, was eventuell auf die Streunutzung in diesem Revierteil zurückgeht.

Die Basenversorgung des Bodens ist im Al-Pufferbereich sowie auch noch im Al/Fe-Puffer mittelmäßig. Die Säurebelastung ist somit für die aufstockenden Eiche und Buche noch tolerierbar. Allerdings kann es zu einer Verdrängung säure-intolerante Pflanzenarten in der Bodenvegetation kommen.

3.5.3 Beurteilung der Phosphor- und Stickstoffversorgung

Die Versorgung der Pflanzen mit diesen beiden Nährelementen ist einerseits abhängig von der Geschwindigkeit der Streuzersetzung, andererseits aber auch – insbesondere beim Stickstoff – von der Intensität luftbürtiger Stoffeinträge. Dabei hat der Eintrag von atmosphärischem Stickstoff gegenwärtig schon die Bindungsfähigkeit durch die Pflanzen weit überstiegen. Dies trifft vermutlich auch für diesen Standort zu, da das naheliegende dichtbesiedelte Rhein-Main-Gebiet für ein entsprechendes Stickstoffangebot sorgt. Somit ist die N-Versorgung des Standortes als gut zu beurteilen.

Die Phosphorversorgung wird weitgehend durch die Gehalte des Ausgangssubstrates bestimmt. Ist wenig im Ausgangssubstrat, so entsteht auch nur wenig pflanzenverfügbares Phosphor durch die Verwitterung. Sandböden weisen i.d.R. geringe Phosphorgehalte auf. Somit wird Phosphor weitestgehend nur durch die Zersetzung organischer Substanzen pflanzenverfügbar. Bei geringen pH-Werten sinkt allerdings dessen Verfügbarkeit, da die Phosphatanionen im Al- und im Al/Fe-Pufferbereich verstärkt mit den Al- und Fe-Ionen stabile Bindungen eingehen. Die Phosphorversorgung ist hier also nur als mäßig einzuschätzen.

4 Zusammenfassung

An den Ergebnissen der Standortaufnahme ist erkennbar, dass es sich um einen Waldstandort handelt, der für das Baumwachstum optimale Voraussetzungen bietet. Das Klima ist im Hochspessart atlantisch geprägt, was besonders die Rotbuche gegenüber anderen Baumarten konkurrenzkräftig macht. Die hohen Niederschläge und der gute Bodenwasserhaushalt tragen dazu bei.

Ein Problem ist, wie in vielen Teilen Deutschlands, die durch den Menschen verstärkte Versauerung der Böden. Die erhöhten Stickstoffeinträge einerseits und die zunehmende Nährstoffauswaschung durch die Bodenversauerung andererseits können zur Disharmonie in der Nährstoffversorgung der Pflanzen führen. Die Freisetzung von pflanzenschädigenden Elementen wie dem Aluminium behindert das Wurzelwachstum und kann somit zu einem deformierten Wurzelsystem führen. Eine erhöhte Anfälligkeit gegen verschiedenste Schadursachen ist die Folge. Die zunehmend höheren Schadklassen bei Laubbäumen bei Waldschadenerhebungen können Hinweise darauf sein (Waldschadenserhebung 2001, HESSEN-FORST). Eine auf Vitalität des Einzelbaumes und Naturnähe der Bestockung ausgerichtete Bewirtschaftung kann dem entgegenwirken. Dazu gehört auch, dass bodenschonende Bewirtschaftungsmethoden angewendet werden, da es besonders in Hanglagen zu oberflächigen Humusabtrag kommen kann, der gerade auf diesen sonst eher ärmeren Bodenverhältnissen eine wichtige Rolle bei der Nährstoffversorgung der Bäume spielt.

Die Bewirtschaftung erfolgte in den letzten Jahrhunderten auch geschichtsbedingt sehr eichenorientiert. Denn auch die Eiche zeigt unter diesen klimatischen Bedingung hervorragende Wuchsleistungen. Der im Verhältnis zur Buche relativ hohe Anteil der Eiche im Forstamt wurde und wird in Zukunft nur durch einen erheblichen Pflegeaufwand erreicht. Dieser kann auch nur gerechtfertigt werden, wenn solche Werte geschaffen werden, wie sie in den besuchten Beständen zu sehen waren. Fragwürdig ist jedoch, ob der gegenwärtige Eichenanteil zu halten ist, da sich die Verjüngung der Eiche bei dauerwaldähnlichen Bewirtschaftungsmethoden, wie sie vielerorts angestrebt werden, doch sehr schwierig darstellt. Diese Schwierigkeit, die Eiche trotz hoher Konkurrenzkraft der Buche zu begünstigen, war auch bei den anderen Exkursionspunkten im Forstamt Rothenbuch zu erkennen.

5 Literaturverzeichnis

ARBEITSKREIS STANDORTSKARTIERUNG (1996): Forstliche Standortsaufnahme. AK in der Arbeitsgemeinschaft Forsteinrichtung. 5. Auflage. IHW-Verlag. Eiching bei München.

BUNDESANSTALT FÜR GEOWISSENSCHAFTEN UND ROHSTOFFE (1985): Geologische Übersichtskarte CC 6318 Frankfurt a.M.-Ost. Hannover.

HENNINGSEN, D., KATZUNG, G. (1998): Einführung in die Geologie Deutschlands. 5. Auflage. Ferdinand Enke Verlag. Stuttgart.

INSTITUT F. WALDBAU (2003). Waldbau-Praktikum in Unterfranken. Zusammenstellung der Exkursionsführer. Fakultät für Forstwissenschaften und Waldökologie der Georg-August-Universität. Göttingen.

LIEDTKE, H., MARCINEK, J. (1994): Physische Geographie Deutschlands. Justus Perthes Verlag. Gotha.

RENNERS, M. (1991): Geoökologische Raumgliederung der Bundesrepublik Deutschland. Zentralausschuss zur Landeskunde. Band 235. Selbstverlag. Trier.

SCHEFFER, F., SCHACHSCHABEL, P. (1998): Lehrbuch der Bodenkunde. 14. Auflage. Ferdinand Enke Verlag. Stuttgart.

6 Anhang

Standortaufnahmeblatt 1

KENNUNG	Kartierer:	Denny Ohnsorge	Datum d. Aufnahme:	13.06.2003
	Forstamt:	Rothenbuch	Abteilung:	XVIII/1[3]
	Wuchsbezirk:	Buntsandsteinspessart - Teilwuchsbezirk Hochspessart		

LAGE u. KLIMA	Höhe ü. NN [m]	Neigung		Exposition		Niederschlag
				Schatt- (SO - W)	Sonnhang (NW - O)	
	430	**< 10° (17%)**	>10° (17%)			1000 mm

HUMUS	Horizontmächtigkeit:	L [cm]: 1-2		O_f [cm]: 1-2		O_h [cm]: 1,5	
	Humusform:	L-Mull	F-Mull	mullartiger Moder	**typischer Moder**	rohhumusartiger Moder	Rohhumus	Sonstige:

MINERAL-BODEN	Horizont-Tiefe [cm]	Boden-art	Ton-anteil [%]	Kurven-nr.	Lager-ungs-dichte	Humus-anteil [%]	Skelettanteil [%]	nWSK [mm/m]	nWSK [mm/ Horizont]	Horizont-Symbol	Bemerkungen
	0 bis 6	Sl2	5-8	4	Ld3	12	0	310	18,60	Aeh	nWSK= 181,4
	6 bis 28	Sl2	5-8	4	Ld3	3	0	210	46,20	Bhv	
	28 bis 68	Sl2	5-8	4	Ld3	-	10	180	64,80	Bv	
	68 bis	Sl2	5-8	4	Ld3	-	10	180	51,84	Cv	

PROFIL	Ausgangsmaterial	Bodentyp
	mittlerer Buntsandstein	schwach podsoligeBraunerde

Wasserhaushalt

Bodenwasserhaushalt als nWSK des Profils [mm]	äußerst gering	sehr gering	gering	mittel	hoch	sehr hoch	äußerst hoch
	< 30 mm	30 - 60 mm	60 - 90 mm	90 - 120 mm	120 - 180 mm	**180 - 240 mm**	> 240

Gesamtwasserhaushalt als Transpirationswasserangebot [mm] (Tg Transpiration á 4 mm)
(TWA = nWS_{Profil} + 50% Jahresniederschlag) 170

Gesamtwasserhaushalt als ökologische Feuchtestufe für

stau- und grundwasserferne Böden									Grundwasserböden			Stauwasserböden			Aueböden
äußerst trocken	sehr trocken	trocken	mäßig trocken	mäßig frisch	ziemlich frisch	frisch	sehr frisch	**äußerst frisch**	grundfeucht	feucht	nass	S-S0	S1-S2	S3-S6	zeitweilig überflutet

Nährstoffhaushalt

PH	Oberboden (0-10 cm)	H_2O: 5,2 / KCL: 3,8		Unterboden (40-50cm)	H_2O: 5,2 / KCL: 4,5	
Pufferbereich	Oberboden (0-10 cm)		Al-Puffer	Unterboden (40-50cm)		Kat-Ionen-Austauscher
Säurestress	minimal	gering	**mittel**	stark	sehr stark	
P- Versorgung	sehr gut bis überreichlich	gut	**mäßig**	schwach	sehr schwach	
N- Versorgung	sehr gut bis überreichlich	**gut**	mäßig	schwach	sehr schwach	

BEMERKUNGEN

- Humushorizont: unscharfer Übergang zwischen Oh zu Mineralbodenhorizont => Zeichen für einen typischen Moder
- kein Sonnenhang => keine Wasserprobleme
- Einträge durch Siedlungsnähe (Rhein-Main-Gebiet) sind relativ hoch
- hohe Niederschläge!

Standortaufnahmeblatt 2

KENNUNG				
	Kartierer:	Denny Ohnsorge	Datum d. Aufnahme:	13.06.2003
	Forstamt:	Rothenbuch	Abteilung:	XVIII/1[3]
	Wuchsbezirk:	Buntsandsteinspessart - Teilwuchsbezirk Hochspessart		

LAGE u. KLIMA	Höhe ü. NN [m]	Neigung		Exposition		Niederschlag
				Schatt- (SO - W)	Sonnhang (NW - O)	
	430	**< 10° (17%)**	>10° (17%)			1000 mm

HUMUS								
Horizontmächtigkeit:	L [cm]: 1-2			O_f [cm]: 1-2		O_h [cm]: 1		
Humusform:	L-Mull	F-Mull	mullartiger Moder	**typischer Moder**	rohhumusartiger Moder	Rohhumus	Sonstige:	

MINERAL-BODEN

Horizont-Tiefe [cm]	Bodenart	Tonanteil [%]	Kurven-nr.	Lagerungsdichte	Humusanteil [%]	Skelettanteil [%]	nWSK [mm/m]	nWSK [mm/Horizont]	Horizont-Symbol	Bemerkungen
0 bis 12	Sl2	5-8	4	Ld3	12	0	310	37,20	Aeh	nWSK= 160,9
12 bis 44	Sl2	5-8	4	Ld3	2	3	194	60,22	Bhv	
44 bis 74	S,s	0-5	2	Ld3	-	10	81	21,87	Bv	
74 bis	St2	5-8	7	Ld3	-		160	41,60	Cv	

PROFIL

Ausgangsmaterial	Bodentyp
mittlerer Buntsandstein	podsoligeBraunerde

Wasserhaushalt

Bodenwasserhaushalt als nWSK des Profils [mm]	äußerst gering	sehr gering	gering	mittel	hoch	sehr hoch	äußerst hoch
	< 30 mm	30 - 60 mm	60 - 90 mm	90 - 120 mm	**120 - 180 mm**	180 - 240 mm	> 240

Gesamtwasserhaushalt als Transpirationswasserangebot [mm] (Tg Transpiration á 4 mm)
(TWA = nWS_{Profil} + 50% Jahresniederschlag) 165

Gesamtwasserhaushalt als ökologische Feuchtestufe für

stau- und grundwasserferne Böden									Grundwasserböden			Stauwasserböden			Aueböden
äußerst trocken	sehr trocken	trocken	mäßig trocken	mäßig frisch	ziemlich frisch	frisch	sehr frisch	**äußerst frisch**	grundfeucht	feucht	nass	S-S0	S1-S2	S3-S6	zeitweilig überflutet

Nährstoffhaushalt

PH	Oberboden (0-10 cm)	H_2O: 4,3 / KCL: 3,2		Unterboden (40-50cm)	H_2O: 5 / KCL: 4,6	
Pufferbereich	Oberboden (0-10 cm)	Al/Fe-Puffer		Unterboden (40-50cm)	Kat-Ionen-Austauscher	
Säurestress	minimal	gering	**mittel**	stark	sehr stark	
P- Versorgung	sehr gut bis überreichlich	gut	**mäßig**	schwach	sehr schwach	
N- Versorgung	sehr gut bis überreichlich	**gut**	mäßig	schwach	sehr schwach	

BEMERKUNGEN

- keine Lößüberlagerungen, aber auch Lößanteile
- unter sauren Bedingungen ist P nicht pflanzenverfügber, sondern wird überwiegend durch Mineralisierung des Humus zur Verfügung gestellt
- Exposition spielt untergeortnete Rolle
- 135 d Lufttemperatur > 7,5°C => atlantisch geprägt; rel. niedriege Jahresmitteltemperatur